教訓を生かそう！

日本の自然災害史

地震災害❷

■ 平成以降の震災 ■

2

監修
山賀 進

2011 年の東日本大震災で、津波にのみこまれた岩手県釜石市のようす。（いわて震災津波アーカイブより／提供：釜石市）

平成以降の震災

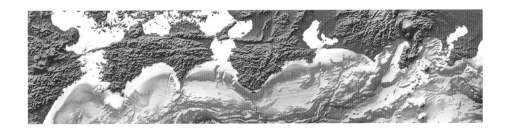

はじめに

　21世紀初め、地震についての理解はそれなりに進んできたと地震学者たちは考えていました。そうした思いを吹き飛ばしたのが、2011年3月11日の東北地方太平洋沖地震（M9.1）でした。まさに地震学者たちにとっては想定外、未曾有の大地震でした。この超巨大地震は、地震についてまだわからないことがたくさんあるということを実感させるものでした。

　日本は地震国です。地震計を用いた科学的な地震観測を始めたのも、また、地震学会を世界に先駆けて発足させたのも日本です。読者のみなさんも地震を体験したことがあると思います。しかし、世界的に見れば地震は限定された地域にしか起きません。地震を実際に体験できるのは、そこに住む人々だけに限られるのです。

　日本には古くから地震の記録が残っています。過去の地震の記録からわかってきたことは、ともかく大地震は同じ地域にくり返し起こるということ（規則的に起こるということではありません）。そして、大地震に襲われると建物の倒壊ばかりか、火災が発生したり、山崩れが起きたり、海では津波が発生したりして、これらによる被害も甚大になるということもわかってきました。

　日本は、いろいろなタイプの被害を経験しています。過去の地震災害を振り返ることにより、地震予知はできなくても、災害をできるだけ少なくするような事前の対策をとることは可能なのです。

　第2巻では、1993年〜2018年に起きた地震について、そして今後の見通しなどを解説しています。みなさんの地震への備えに少しでも役立ててもらえればと思います。

山賀 進

（元麻布中学校・高等学校地学教諭）

2011年の東日本大震災で、岩手県宮古市の防潮堤を乗りこえた津波。(いわて震災津波アーカイブより／提供:宮古市)

震災をよく知るための キーワード

余震と本震

　地震は、地下の断層付近の岩盤にたまったひずみに耐えきれず、断層が急にずれ動いてひずみが解放されて起こります。

　小さな地震の場合はひずみが一度に解放されることが多いのに対し、大きな地震の場合は、1回だけでこのひずみが解放されずにエネルギーが残ったり、大きなずれの動きによって、また新たなひずみを生じたりします。

　一連の地震活動のなかで一番大きく揺れた地震を本震、本震に続く本震よりも小さな揺れの地震を余震といいます。大きな地震は必ず余震を伴うほか、本震の前に前震が起こることもあります。

　余震はM7クラスの大地震の場合、数日から数ヶ月続くことがあります。M8以上の巨大地震、さらにはM9以上の超巨大地震では、余震は数年、または数十年、あるいはそれ以上も続くことがあります。実際、東北地方の太平洋海域で起きている現在の地震のほとんどは、2011年の東北地方太平洋沖地震（M9.1）（→❷巻P24）の余震と考えられます。

　ふつうは本震に比べて余震は規模が小さくなって

余震に注意して下さい

今後も強い揺れに注意して下さい

いく傾向にありますが、油断は禁物です。東北地方太平洋沖地震のときには、本震から1時間足らずの間に、M7以上の余震が立て続けに3回起こりました。

　また、熊本地震（→❷巻P33）では、最初の大きな地震の二日後に、それを上回る巨大な揺れが発生しました。気象庁は、「余震」という言葉が規模が小さいことを連想させ、油断して被災した人が続出したことから、熊本地震の後は「余震」という言葉を注意の呼びかけに使わないようにしています。地震を速報するテレビ放送などもこれにしたがっています。

熊本地震では、最初の揺れが収まったあとに帰宅して、2番目の揺れによる家屋の倒壊で死亡した例が益城町で多数あった。
（写真：AP/アフロ）

緊急地震速報

1970年代ごろ、東海地震の発生を警戒して、地震予知の研究がさかんに行われていました。しかし、東海地震の動きはなく、まったく無警戒だった阪神・淡路大震災が起こってしまいました。

地震予知の難しさを痛感した国は、地震についての基礎研究と防災に力を入れるようになりました。日本海溝に沿って海底地震計を設置したほか、強い揺れが来る前に時間の猶予をつくるための緊急地震速報を出すようになりました。

地震が起こると、通常2種類の地震波が発生します。最初にガタガタと揺れる小さな波（初期微動）があり、そのあとでグラグラと揺れる大きな波（主要動）がやってきます。初期微動を起こすのがP波（プライマリーウェーブ：最初の波という意味）で、主要動を起こすのがS波（セカンダリーウェーブ：2番目の波という意味）です。被害を伴うのは大きく揺れるS波であることが多く、震源が遠いほど、初期微動と主要動の間隔が長くなります。

緊急地震速報は、震央に近い地震計がP波（地震発生）を感知したら、S波の大きな揺れが来ると予

●P波とS波

初期微動　主要動

P波による揺れ　おもにS波による揺れ

時間の流れ

●緊急地震速報のシステム

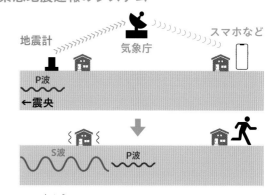

地震計　気象庁　スマホなど

P波
←震央

S波　P波

想される地域の自治体やテレビ、個人のスマホに速報を出すシステムです。

しかし、実際には、緊急地震速報が出てから大きな揺れが来るまでの時間は短いため、あくまでふだんからの心構えが大切になります。

震災関連死

地震災害で亡くなった人のうち、建物の倒壊や火事など、地震による直接死ではなく、その後の避難途中や避難後に亡くなった場合のことを震災関連死といいます。災害で亡くなった人の遺族に対して国から支給される災害弔慰金（見舞金のこと）の対象になるケースが近年増えてきました。

具体的には、避難所生活が長引くなかで、持病を悪化させてしまったケース、ストレスや不衛生な環境によって体調を悪くしたケース、栄養不足などによる衰弱死などがあります。

新潟県中越地震（→❷巻P20）や熊本地震で問題になった車中泊が続いたことによるエコノミークラス症候群（→❷巻P21）によって死亡した人も災害関連死と見なされています。

そして東日本大震災（→❷巻P24）では、地震や

避難生活で死亡したケースのほか、福島第一原子力発電所の事故から避難中に死亡したケースもあります。将来を悲観して自死した場合も災害関連死とされています。

東日本大震災の避難所のようす。プライベート空間が確保できず、長引くとストレスで体調をくずす人が出てきやすい。
（写真：ロイター/アフロ）

津波はどうして起こる？

海底で地震が起こったときに発生し、これまで日本の沿岸に多くの被害をもたらしてきたのが津波です。今では英語でも"tsunami"で通じるほど、世界に知られるようになりました。津波はどのようにして起こるのでしょう？

プレート境界型地震では、おもに海のプレートが陸のプレートの下にもぐりこみ、引きずりこまれた陸のプレートが、そのひずみに耐えきれなくなって元に戻ろうとするときに揺れが起こることはすでに見てきました（→❶巻P8）。

震源が海底だった場合、プレートの動きによって海水が押し上げられ、海面が一時的に盛り上がります。そして盛り上がった海水はその後、水面に石を投じたように四方に分かれて波をつくります。これが津波となり、沿岸に押しよせるのです。

津波は海底が深いところほど速く伝わる性質があります。水深5000mのところでは、津波が伝わる速さはジェット機なみの時速800km程度といわれています。そして水深が浅いところに向かうほど、新幹線なみ、野生動物なみ、自動車の徐行なみとスピードが落ちてきます。

しかし、問題なのは、津波は陸に近づいて海底が浅くなるにつれて遅くなるため、前が詰まって波がどんどん高くなっていくことです。このため、沖合では小さく見える津波でも、沿岸部に近づくと急激に高くなることがあり、注意が必要です。

津波はこうして発生する

❶海のプレートが陸のプレートの下にもぐりこみ、ひずみが生じている。

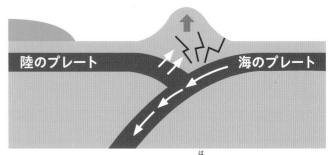

❷耐えきれなくなった陸のプレートが跳ねかえり、地震が発生。プレート境界の上にある海水が一気に盛り上がる。

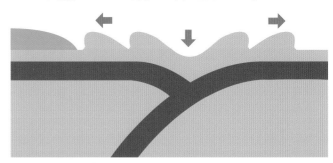

❸盛り上がった海水が波としてまわりに伝わる。陸側に向かう波が沿岸で津波の被害をもたらす。海側に向かう波は外洋へと進む。

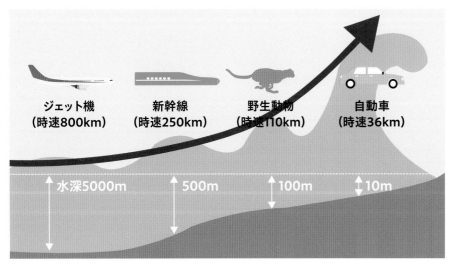

ジェット機
（時速800km）

新幹線
（時速250km）

野生動物
（時速110km）

自動車
（時速36km）

水深5000m　500m　100m　10m

「津波」とは、沖合では目立たない波が、津（港を表す古い言葉）に入ると急に大きくなるということから名づけられた。津波のスピードは沿岸に近づくほど落ちるとはいえ、人が走って逃げられるものではない。実際に津波を目にしなくても、すぐに避難することが重要になる。

明治生命

<1989年〜>
平成以降の震災

1995年兵庫県南部地震では、地震に強いとされていた建築物が倒れ、近代都市のもろさが衝撃を与えた（写真：イメージマート）

火災で一面焼け野原になった奥尻島青苗地区（写真：毎日新聞社／アフロ）

北海道南西沖地震 ●1993（平成5）年7月12日

何が
起こった？

　北の大地にそろそろ夏本番が迫って
きた 1993 年 7 月 12 日の午後 10 時過
ぎ、北海道南西沖約 60km の日本海
海底で M7.8 の地震が発生しました。
震央は奥尻島の近くで、震源域は奥尻
島を含む大きな地震でした。

　日本海で発生した地震としては近代以降で最大規模と
なり、渡島半島をはじめ各地で震度 5 を観測。奥尻島
では震度 6 以上と推定されています。

　この地震で、各地で液状化現象（→❶巻 P7）や大規
模な土砂崩れが起こりました。さらに大きな被害をもた
らしたのは、数度に渡ってやってきた津波でした。奥尻
島では地震発生後 4 ～ 5 分で到達。一部では 29m の高
さになりました。

　また、津波後には火災も発生しました。島の最南端に
位置する青苗地区では夜間に津波に襲われた上、大規模
な火災によっておよそ 500 戸が失われるという大きな
被害を出しました。

【震央】北海道南西沖
【規模】M 7.8
【最大震度】震度5
【死者・行方不明者】
約230人

どんな教訓があった？

1983年に同じく日本海で起きた日本海中部地震（→❶巻P44）のとき、地震発生から津波警報発表までおよそ14分を要し、被害が拡大しました。その後に警報発令の迅速化が図られ、この北海道南西沖地震では、警報が発令されたのが地震発生から5分後のことでした。

しかし、今回は震央から奥尻島までの距離があまりに短く、5分後に警報が発令された時点で、すでに島に津波が到達していました。

この震災をきっかけにして、気象庁ではさらに観測網の整備や技術の改善を進め、現在では地震発生から3分を目安に津波警報が発令されることになっています。

北海道南西沖地震の各地の震度分布。当時地震計が設置されていなかった奥尻島では震度6相当以上だったといわれる。三方向を海に囲まれた青苗地区では、震源からの直接の津波と、一度北海道に当たってはねかえってきた津波などで大きさが増幅したと考えられている。（気象庁ホームページより）

北海道南西沖地震の被害のようすを伝える奥尻島津波館。

奥尻島の最南端青苗岬に御影石でつくられた慰霊碑「時空翔」。北海道南西沖地震の震央の方向を向き、震災のあった7月12日には、真ん中のくぼみの中に太陽が沈む。（写真／奥尻町商工観光係）

横倒しになった阪神高速道路。（写真：Philip Jones Griffiths/Magnum Photos/ アフロ）

大都市を襲った直下型地震

兵庫県南部地震　●1995（平成7）年1月17日

何が
起こった？

　1月17日早朝の午前5時46分、阪神地方にM7.3の直下型地震（→❶巻P10）が発生しました。震源に近い神戸市などでは、観測史上初めて震度7の激しい揺れに見舞われました。

　淡路島北部の断層を震源とするこの地震は「兵庫県南部地震」と名づけられました。そして特に被害の規模が甚大なことから、政府はこの地震による災害を阪神・淡路大震災と呼ぶことを決めました。

　この地震では、頑丈と思われていたビルが次々と倒れ、地震にも強いとされていた高速道路が大きく横倒しになり、近代都市のもろさを浮きぼりにしました。また、兵庫県の主要都市で、10万5000戸もの家屋が全壊。死因の77%が建物の倒壊による圧死でした。また、神戸市長田区で発生した火災による被害も甚大でした。

　この地震による死者は6434人（神戸市だけで4564人）、行方不明者が3人という、この時点では戦後最悪の地震被害となりました。

【震央】淡路島
【規模】M 7.3
【最大震度】震度7
【死者・行方不明者】
6434人

兵庫県南部地震を引き起こしたのは、淡路島から六甲山地、大阪府の箕面市付近にまでおよぶ六甲・淡路島断層帯の一部で、淡路島北部にある「野島断層」でした。プレート境界型（→❶巻 P8）ではなく、典型的な直下型の地震でした。

大きな被害が出たのは、この六甲・淡路島断層帯を中心とした、幅 5km という細長い帯状の地域です。この帯状の地域に震度 7 を記録した地域のほとんどが含まれ、神戸市、芦屋市、西宮市など、兵庫県を代表する大都市が入っていたのです。

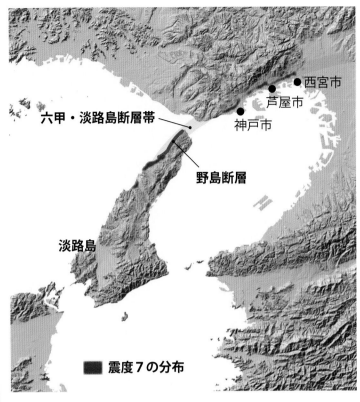

■ 震度 7 の分布

上／兵庫県南部地震を引き起こした野島断層と六甲・淡路島断層帯。淡路島の中央部と兵庫県の大都市圏に沿うように延び、震度 7 を記録した地域の大半が含まれている。（国土地理院標高図に加筆して作成）
左／兵庫県南部地震の当初の震度分布。最高震度が 6 だったが、震央に近い神戸市などは、被害状況の激しさから、のちに震度 7 が適用された。また、この地震をきっかけに、震度 5 と 6 がそれぞれ強・弱に分けられた。（気象庁ホームページより）

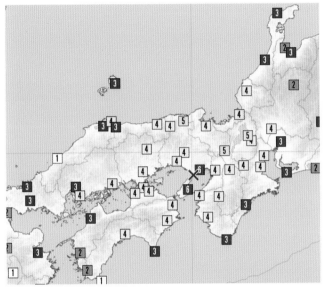

目に見える形で地表にずれが現れた野島断層。（写真：アフロ）

兵庫県南部地震のあと、長さ 50km におよぶ野島断層に、南西方向に 70 ～ 210cm の横ずれ、同時に南東方向に最大 15 ～ 120cm の隆起があり、その一部が地表に現れました。

断層によるずれがもっとも顕著だった北淡町（現・淡路市）に 1998 年、北淡震災記念公園がオープン、園内の野島断層保存館で野島断層の一部が保存展示されています。

野島断層保存館に展示されている露出した野島断層。

この地震による死者6434人のうち、発生当日に死亡した人がおよそ5000人、そのうち1時間以内に死亡した人がおよそ3800人といわれています。そしてその9割以上が建物の倒壊による圧死や窒息死と考えられています。

地震は午前5時台という、多くの人がまだ就寝中の時間帯に発生しました。屋根や瓦の重みに耐えきれずに1階部分が押しつぶされ、木造住宅の1階で寝ていた多数の人が亡くなったのです。

また、地震直後から神戸市内の各所で火災が発生しました。特に長田区の木造住宅が密集する地域で被害が拡大し、高齢者やアパートに住む大学生などを中心に多数の死者が出ました。

1階部分がつぶれて倒壊した木造家屋。2階で就寝中だった人は死者が少なかったという。（写真：アフロ）

黒煙をあげる神戸市長田区（地震発生から約4時間後）。（写真：読売新聞 / アフロ）

1978年の宮城県沖地震をきっかけに1981年に建築基準法が改正されました。兵庫県南部地震では、それ以降に建設されたビルでは被害が少なかったものの、その一方で古い商業ビルなどでは「パンケーキクラッシュ」という現象が起きていました。老朽化したビルでは1階部分が駐車場で空洞になっていたり、耐震基準を満たしていないものも多く、1階部分が押しつぶされたり、中階層でも、階ごと押しつぶされた建物が多数見られました。

この地震をきっかけにして、2000年に建物のより強固な耐震基準が新しくつくられることになりました。

右上／1階部分が押しつぶされた神戸市の雑居ビル。
右下／中階層が押しつぶされた生命保険会社と銀行が入った神戸市のビル（写真：イメージマート）。
下／阪神高速道路は17基の橋脚が倒壊し、635mにもわたって高架橋が横倒しになり、復旧まで1年8か月を要する被害となった。（写真：アフロ）

震災後、多くのボランティアが全国から駆けつけ、全国から送られてきた食料品や日用品の仕分けや配給、掃除、食事の用意などを行いました。

やがて仮設住宅ができはじめると、引越しの手伝いや入浴の準備など、高齢者・障害者の世話もするようになりました。

これがきっかけで被災者支援のボランティア団体やNPO（民間非営利組織）が全国に数多く生まれ、震災直後の1年で延べ138万人、多い時で1日に3万人が活動しました。こうしたことで、1995年は**ボランティア元年**と呼ばれることになりました。

また、自分の命は自分で守る**自助**、住民どうしが助け合う**共助**、国や市町村が援助する**公助**という言葉も生まれました。

仮設された電話を使い、安否の確認などが行われた。
（写真：AP/ アフロ）

全国からとどく支援物資などを仕分けるボランティアの人たち。
（写真：毎日新聞社 / アフロ）

炊き出しなどが行われた避難所。（写真：毎日新聞社 / アフロ）

**教訓は
どう
生かされた?**

阪神・淡路大震災では、人々の間で1923年の関東大震災(→❶巻P20)のときのようなパニックは発生せず、みな助け合いながら災厄を乗りこえ、復興に向けて歩みました。

しかし長い避難生活では、ストレスを感じたり、持病を悪化させたりして1000人近い人が病院や避難所、仮設住宅で亡くなりました。

特に長く断水が続いて水洗トイレが使えなかったことから、避難所の仮設トイレが不衛生な状態になりました。また、トイレが男女共用だったことから、水分や食事を我慢してしまうケースもあり、多くの人が血栓などを起こすエコノミークラス症候群(→❷巻P21)になってしまったことも大きな問題となりました。

この問題を重くみた国や自治体では、避難者の人数に対するトイレの個数などを細かく決めるようになりました。現在では、震災発生当初は50人あたり1基、長期化した場合は20人あたり1基を目安とするようになっています。

神戸市中央区で行われる「阪神淡路大震災1.17のつどい」。震災の遺族をはじめ、多くの人たちが竹灯籠のろうそくに火を灯して祈りをささげる。(写真:ロイター / アフロ)

神戸市長田区の公園で毎年行われる慰霊の催し。震災のあった「1.17」の文字がろうそくの火で浮かび上がる。(写真:毎日新聞社 / アフロ)

全壊した鳥取県境港市の出雲大社上道教会。（写真：アフロ）

M7.3で奇跡的に犠牲者0

鳥取県西部地震 ●2000（平成12）年10月6日

何が起こった？

1989（平成元）年以降、鳥取県西部では群発地震が続いていました。そして2000年10月6日の昼過ぎ、鳥取県西部の西伯町や溝口町（いずれも当時）付近を震源とするM7.3の大地震が発生しました。最大震度6強という強い揺れを観測し、住宅全半壊、斜面崩落、落石やライフラインの停止、港湾や住宅地の液状化現象（→❶巻P7）などの被害が出ました。

この地震は、その5年前の兵庫県南部地震（→❷巻P12）と同じ程度の規模でしたが、死者・行方不明者は0で、被害は際立った違いとなりました。救助に向かった消防防災ヘリコプターの隊員たちは、ふだんとそれほど変わらぬ市街地の状況に安堵したといいます。しかし、震源域の山間部では崖崩れや地滑りが多発しました。

この地震は、それまで知られていなかった「未知の活断層」が横ずれを起こしたものとわかりました。

【震央】鳥取県西部
【規模】M 7.3
【最大震度】震度6強
【死者・行方不明者】
0人

18

どんな教訓があった？

　兵庫県南部地震と同じ規模の地震が起きたのに、この地震では人的被害は最小限におさえられました。なぜこれほどの差が出たのでしょうか？

　これにはまず、震源が山間部で、阪神・淡路のような人口密集地でなかったこと、そして、地震が発生したのが昼過ぎで、火を使う家が少なかったことも幸いしました。災害のリスクが少ないといわれる時間帯だったのです。

　そしてもうひとつ、しばらく前から群発地震が続いていたこと、5年前の兵庫県南部地震のときにこの地方にも多大な被害があったことがあげられます。このとき「鳥取県は地震が少ない」という不確かな安全神話が崩れたため、「もし鳥取県西部で阪神相当の地震が起きたら」という想定で防災訓練を行っていたことも、奇跡的に人的被害が少なかった要因とされています。

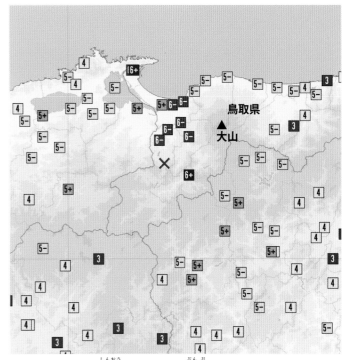

鳥取県西部地震の震央（×）と震度分布。6弱〜6強は山間部に集中しているが、一部沿岸部の市街地にもおよんでいる。（気象庁ホームページより）

鳥取県西部の平野部でも地割れ（左）や港湾施設の陥没（上）などの被害が出た。（写真：アフロ）

脱線事故を起こした上越新幹線「とき」。（提供：国土交通省 /AP/ アフロ）

新潟県中越地震 ●2004（平成16）年10月23日

何が
起こった？

2004年10月23日午後5時56分、新潟県内陸部で強烈な地震が起こりました。川口町（現在の長岡市）などで、1995年の兵庫県南部地震（→❷巻 P12）以来、観測史上（当時）2度目の震度7を記録しました。

震央は現在の長岡市の直下で、逆断層型の直下型地震（→❶巻 P10）でした。山崩れや液状化現象（→❶巻 P7）が各地で起き、山古志村で全村民が避難するなど、大きな被害が出ました。

また、余震（→❷巻 P6）が長い間続いたのもこの地震の特徴でした。10月23日の本震から年末まで、震度5以上だけで、合わせて19回も起きていました。

また、この地震では営業中の新幹線が初めて脱線事故を起こしました。東京発新潟行きの上越新幹線「とき325号」は走行中にこの地震にあい、10両編成のうち、8両が脱線しましたが、なんとか転覆することなく、奇跡的に死者や負傷者を出さずにすみました。

【震央】新潟県中越地方
【規模】M 6.8
【最大震度】震度 7
【死者・行方不明者】68人
（うち震災関連死52人）

こんなことが起きていた

揺れが激しかった長岡市妙見町では大幅な土砂崩れが起こり、多数の大きな岩石が車道をふさぎました。

現場で岩とともに流された車の車内から、ハイパーレスキュー隊によって、事故発生から93時間後に2歳の男子が奇跡的に救出されました。遭難後の生存リミットは72時間といわれる中、何も食べるもののない暗闇の中で、男の子は下半身は紙おむつ1枚という状態で生きのびたのです。

ハイパーレスキュー隊の懸命な捜索で、皆川優太君（当時2歳）が見つかった現場。（写真：Kodansha/アフロ）

どんな教訓があった？

この地震でも、多くの避難者らが長い時間同じ姿勢をとった後に起こりやすいエコノミークラス症候群を発症しました。中には死亡した例もあったことが話題になりました。

エコノミークラス症候群は、長時間足を動かさない状態が続いたときに足の血管の内部に血のかたまりができ、これが肺などに回って呼吸困難やショック状態などを引き起こすものです。

長く余震が続いたこと、大きな避難所で長期間にわたってプライバシー空間が確保できない状態が続いたことなどで、飛行機のエコノミークラスの座席のような狭い車の中で車中泊する避難者が増えたことが原因でした。

地震発生から3日後の小千谷市の避難所。医師らの調査では、小千谷市の避難所で3人に1人以上にエコノミークラス症候群の症状が見られたという。（写真：ロイター/アフロ）

土砂崩れが起きた JR 信越本線。（提供：Japan Coast Guard/ ロイター / アフロ）

原子力発電所で事故発生
新潟県中越沖地震 ●2007（平成19）年7月16日

何が
起こった？

中越地方で、2004（平成16）年の新潟県中越地震（→❷巻 P20）に続いて起こった大きな地震です。新潟県長岡市や柏崎市などで震度6強を記録し、柏崎市の JR 信越本線で土砂崩れが発生して不通になるなど、大きな被害が出ました。

また、新潟県の沿岸部に津波注意報が発令され、柏崎市の沿岸などで1mの津波を観測しました。

この地震は、長い間地震を起こしていない逆断層（→❶巻 P10）が動いたもので、新潟県中越地震との関連はなく、単独の地震と考えられています。

この地震で揺れの大きかった柏崎市では、東京電力の柏崎刈羽原子力発電所で稼働中の全ての原子炉が自動停止しましたが、発電所構内から火災が発生しました。

火災は2時間後に鎮火し、当初は放射能漏れは確認されませんでしたが、その後の調査で微量の放射能が漏れていたことが判明しました。

【震央】新潟県上中越沖
【規模】M 6.8
【最大震度】震度6強
【死者・行方不明者】
15人

どんな
教訓が
あった？

新潟県中越沖地震は、東京電力の柏崎刈羽原子力発電所からわずか16kmの海底で起こりました。最も強い揺れを観測した震度6強や6弱の地点に取り囲まれるような位置で、世界最大級の原発が稼働していたのです。

火災を起こしたのは7基ある原子炉のうち、3号機の変圧器でした。もちろん消火用の設備を備えていましたが、地震でこの消火用配管が壊れて使えませんでした。地元の消防署との連絡も電話が壊れてすぐにできなかったといいます。

消防隊が到着して鎮火したのは、結局事故発生から2時間近くたってからでした。そして3号機が放射能漏れを起こしたことがのちの調査でわかりました。環境に影響のない量で収まったものの、あやうく大事故につながるものでした。

新潟県中越沖地震は、東京電力の柏崎刈羽原子力発電所からわずか16kmのところで発生した。（気象庁ホームページより）

火災を起こした柏崎刈羽原発3号機の変圧器。（写真：ロイター／アフロ）

事故の2日後、報道陣の質問に答える東京電力の勝俣社長。（写真：AP／アフロ）

宮城県気仙沼市の被害。大型船が住宅などをなぎ倒した（写真：AP/ アフロ）

東北地方太平洋沖地震 ●2011（平成23）年3月11日

何が起こった？

2011年3月11日午後2時46分、宮城県沖の深さ24km付近で超巨大地震が発生しました。M9.1は日本国内観測史上最大で、1900年以降では世界で4番目の規模の地震となりました。この地震とそれに伴う大津波や、続いて起きた福島第一原子力発電所の事故による災害を含め、政府は東日本大震災と名づけました。

宮城県北部で最大震度7、宮城県、福島県、茨城県などで震度6強を観測。東京や大阪でも高層ビルで大きく長い揺れ（長周期地震動）が続きました。液状化現象（→❶巻 P7）や土砂災害も各地で相次いで発生し、宮城県気仙沼市では大規模な火災が発生しました。

そして早いところでは地震の6分後から津波が押しよせ、三陸沿岸に甚大な被害が出ました。津波が50分後に到達した東京電力の福島第一原子力発電所では、水素爆発によって制御不能に陥りました。この震災では、2万2000人以上の犠牲者が出ました。

【震央】東北地方太平洋沖
【規模】M 9.1
【最大震度】震度7
【死者・行方不明者】
2万2288人
（震災関連死をふくむ）

東北地方太平洋沖地震は、北米プレートとその下にもぐりこもうとする太平洋プレートの境目で起きた、典型的なプレート境界型地震（→❶巻 P8）です。M9.1 というとてつもないエネルギーを持った地震で、1995 年に起こった兵庫県南部地震（→❷巻 P12）の約 500 倍に相当するといいます。

震源域は岩手県沖から茨城県沖までの南北約 500km、東西に約 200km という広い範囲におよびました。

また、この地震によって引き起こされた大津波も観測史上最大級のものでした。

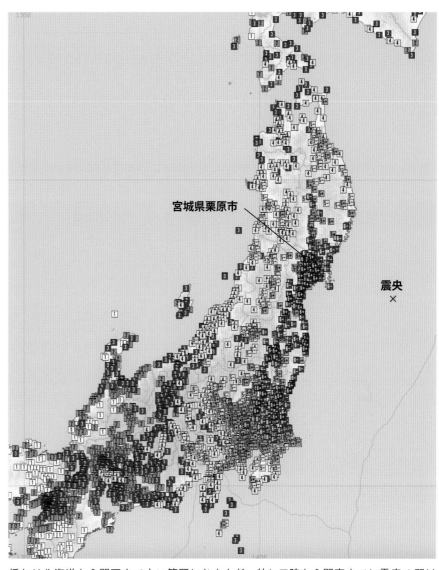

宮城県栗原市

震央

揺れは北海道から関西まで広い範囲におよんだ。特に三陸から関東までに震度 6 弱以上が集中している。震度 7 は宮城県栗原市で記録した。（気象庁ホームページより）

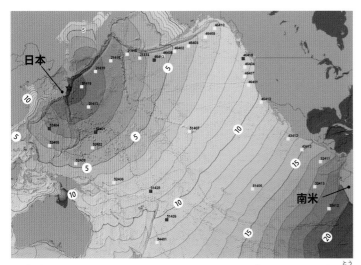

日本

南米

大津波はおよそ 21 時間かけて太平洋をわたり、南米のチリなどに到達。ハワイや北米でも 2 〜 3m の津波を記録した。白い円の数字が到達までの時間を表す。（米国海洋大気庁資料による）

岩手県釜石市の市街地近くまで迫ってきた津波。地震発生から約 35 分後のことだった。（いわて震災津波アーカイブより／提供：釜石市）

津波は各地で防潮堤を乗りこえて市街地に入り、建物などを次々に破壊しました。大量に発生したがれきや車などを内陸部まで押し流し、さらに引き波となって海岸までひきずり返しました。

この地震による犠牲者の死因のほとんどが、津波で流されたことによる水死、または津波で生じたがれきによる圧死などでした。

特に津波による被害が大きかったのが、岩手県、宮城県、福島県の3県でした。

リアス海岸の三陸の集落では、過去の大津波の伝承から住民の防災への意識は高く、適切な避難行動をとったにもかかわらず、想定をこえる大津波で多大な被害が出てしまいました。岩手県宮古市の田老地区では、海抜10mを超える巨大な防潮堤が破壊されました。また、河川に沿って津波がさかのぼり、海岸から5km離れた川沿いにある小学校を襲いました。

また平野部でも、仙台平野の沿岸部の地域が壊滅状態となり、仙台空港も水没して機能を失いました。

釜石港の岸壁に乗り上げそうになっている大型船。(いわて震災津波アーカイブより／提供：釜石市)

陸前高田市の津波災害のようす。(いわて震災津波アーカイブより／提供：陸前高田市)

宮古市の防潮堤を乗りこえた津波。漁船が市街地に押し流されそうになっている。防潮堤の向こうの海面は波立っていない。(いわて震災津波アーカイブより／提供：宮古市)

左／釜石市の高台に避難した人々。ふるさとを襲った津波の脅威にただ立ちつくすしかなかった。（いわて震災津波アーカイブより／提供：釜石市）
上／宮城県気仙沼市では津波襲来後に漁業用の燃料タンクが倒壊し、流れ出した重油に引火して大規模な火災が発生した。火は夜通し燃え続けた。（出典：一般社団法人協働プラットフォーム）

こんなことが起きていた

　この大津波が各地に甚大な被害をおよぼすなか、岩手県釜石市内の小中学生は、ほぼ全員避難して無事だったといいます。この事実は「釜石の奇跡」と呼ばれ、大きな反響を呼びました。1000人以上の犠牲者が出た釜石市で、なぜ子どもたちは無事だったのか？　市内のある学校の例を見てみましょう。

　沿岸からわずか500mという距離にある釜石東中学校と鵜住居小学校では、以前から大津波に備えた避難訓練が徹底されていました。くり返し津波に襲われたふるさとの歴史の中で、子どもたちは真剣に訓練に向き合い、その場の状況次第で臨機応変に適切に行動できるようになっていたのです。

　津波襲来の報を受け、釜石東中の生徒たちはいつもの訓練通り、高台の避難場所まで一目散に走りました。しかし、そこでもまだ危険と感じ、自分たちの判断で小学生たちを連れ、まわりの大人に声をかけながらもっと高台へと上りました。泣きじゃくる鵜住居小の小学生たちを「大丈夫だよ」とはげまし、自分たちの心を奮い立たせながら。

　振り返ると小学校と中学校は津波にのみこまれていました。生徒たちの行動で両校の児童生徒約570人と多くの大人たちの命が救われたのです。

鵜住居小学校の被災のようす。3階のベランダに乗用車が見えることから、校舎全体がほぼ水没したと思われる。（東日本大震災アーカイブ宮城より／提供：釜石観光物産協会）

水素爆発を起こした東京電力の福島第一原子力発電所1号機。（提供：TEPCO/Gamma/ アフロ）

**そして
こんなことも
起きた**

　地震発生からおよそ1時間後、高さ14〜15mの津波に襲われた東京電力福島第一原子力発電所が非常事態におちいりました。全電源を失い、原子炉や使用済み核燃料を貯蔵するプールの水を冷却することができなくなったのです。

　その結果、1号機・2号機・3号機で燃料棒などが溶け出す炉心溶融（メルトダウン）を導き、懸命の注水も効果をあげないまま、翌日の午後3時46分に水素爆発が起きました。放射性物質が大量に流出する重大な原子力事故に発展することになりました。

　この事故は現・ウクライナのチェルノブイリ（チョルノービリ）原子力発電所の1986年の事故と同じ、原発の事故としては最悪のレベルとされます。

　そして福島第一原発がある福島県双葉町や大熊町を中心に住民の避難が始まり、長期化しました。「帰還困難区域」や「居住制限区域」が設けられ、長く自宅に帰ることができない人々が多数出ました。

自衛隊などによる原子炉建屋への放水のようす。
（写真：陸上自衛隊中央特殊武器防護隊 / ロイター / アフロ）

福島第一原子力発電所の事故により、東京など各地で計画停電が行われた。ふだんはにぎやかな東京銀座の夜もひっそりとしていた。(写真：アフロ)

双葉町では「この先帰還困難区域につき通行止め」の看板とともにバリケードが設けられた。(写真：アフロ)

福島県浪江町から南相馬市に避難し、小学校で仮の避難所生活を送る人々。(写真：REX/アフロ)

大震災の後、三陸沿岸の各地で市街地の機能の復旧、防潮堤や港湾、河口の整備、市街地のかさ上げ、高台への住宅地の移転などが行われ、防災機能をより強固なものへと変えています。ここでは岩手県宮古市の田老地区、陸前高田市の例を見てみましょう。

（航空写真はすべていわて震災津波アーカイブより／提供：岩手県県土整備部河川課）

震災前の宮古市田老地区（2010年3月9日撮影）。頑丈な防潮堤が町を守っていた。

被災後の宮古市田老地区（2011年3月28日撮影）。自慢だった高さ10mの防潮堤は、想定を超える高さ16mの津波でもろくも崩れ去り、堤防の破片が湾内に散らばっている。

田老地区は「海が見える高台の町」をめざし、防潮堤をより高く頑丈につくり直すとともに、住宅地のかさ上げ、さらに右手の高台への住宅地移転を進めている。かつてにぎわっていた漁港近くは商業エリアとなっている（2016年3月4日撮影）。

震災前の陸前高田市（2010年3月14日撮影）。「高田松原」と呼ばれる風光明媚な海岸が続いていた。

被災後の陸前高田市（2011年3月29日撮影）。10mを超える津波が押しよせ、1600人以上が犠牲になった。高田松原は見る影もない。

左／街の強靭化を求める市民の声から、海抜10mをこえる町の大幅なかさ上げが進められた。
上／高田松原で1本だけ残り、復興のシンボルになった「奇跡の一本松」。

長野県北部地震で全壊した栄村の民家。（写真：毎日新聞社 / アフロ）

長野県北部地震 ●2011（平成23）年3月12日

何が起こった？

2011年の東北地方太平洋沖地震（→❷巻P24）が起こった翌日の早朝、列島各地で動揺が収まらないなか、長野県と新潟県の県境付近で、M6.7の大きな地震が発生しました。長野県栄村で震度6強を記録したほか、新潟県の十日町市や津南町などで住宅への被害が相次ぎました。

また、この地域では、地滑りや土砂崩れのほか、雪崩が多数発生したのも、この地震による被害の特徴のひとつでした。

この地震は、活断層による内陸の直下型地震（→❶巻P10）で、プレート境界型地震（→❶巻P8）とは直接関係はないものの、その前日に発生した超巨大地震に誘発されておきたのではないかとする見方もあります。

また、この3日後に静岡県東部を震源として発生した静岡県東部地震も、同じく誘発されたものと考えられています。

【震央】長野県北部
【規模】M 6.7
【最大震度】震度6強
【死者・行方不明者】
3人

国の重要文化財、阿蘇神社の拝殿も全壊した。（写真：アフロ）

あとで来た本震の大揺れ

熊本地震

●2016（平成28）年4月14・16日

何が起こった？

4月14日午後9時26分、熊本県中部でM6.5の地震が発生し、震源に近い益城町を震度7の強烈な地震が襲いました。この地震で、家屋の倒壊などにより熊本市や益城町で9人が死亡。回送中の九州新幹線が脱線しました。

他の多くの大地震のように、大きな揺れのあと余震が続いて起こり、その後沈静化するかに思われましたが、28時間後の16日午前1時25分、今度は北西側でM7.3の大地震が発生。この地震でも震度7を記録しました。気象庁は後で起きたこの地震が一連の地震の本震（→❷巻P6）で、当初起こった地震を「前震」だったと発表しました。

16日の本震では建物の倒壊などで41人が亡くなりました。南阿蘇村では、国道の橋がまるごと崩落しました。

熊本市のシンボル、熊本城は、27か所で石垣が崩れ、大天守のしゃちほこや屋根瓦が崩れ落ちるなど、無惨な姿となりました。

【震央】熊本県熊本地方
【規模】M 6.5・M7.3
【最大震度】震度7
【死者・行方不明者】
273人（震災関連死含む）

この地震では熊本市などで合計50人（直接死）が亡くなりました。

このうち、37人は家屋などの倒壊によるものでしたが、前震で亡くなったのは7人、30人は後で発生した本震によるものでした。

度重なる余震の中で、建物の強度が失われたのも原因のひとつですが、本震で亡くなった人の多くは、前震のときに一度避難所に移動していながら、もう大丈夫だろうとの思いこみから帰宅し、本震の非常に強い揺れに襲われたことによると見られています。しかし結局のところ、どの地震が「前震」「本震」「余震」だったかは、一連の地震活動が終わってからの判断になります。

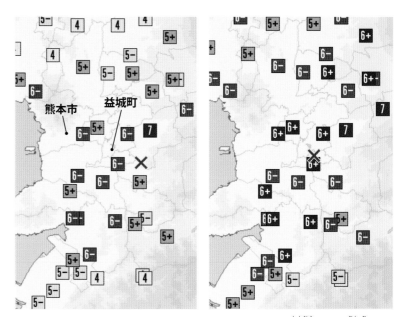

熊本地震の前震時（左）とやや西よりの本震時（右）の震央と震度分布。ごく近い場所を、東日本大震災以来となる日本で4例目・5例目の震度7の揺れが立て続けに襲った。（気象庁ホームページより）

南阿蘇村では16日の本震で大規模な土砂崩れが発生。国道をのみこみ、谷の両側を結んでかかっていた阿蘇大橋が崩落した。「新阿蘇大橋」として新たに開通するまでおよそ5年を要した。（写真：読売新聞 / アフロ）

築城の名手として有名な加藤清正が改築したという熊本城は、ゆるやかな勾配が上にいくにしたがって垂直に近くなる「武者返し」と呼ばれる石垣が特徴のひとつです。しかし、熊本地震でその27か所が崩れ落ちてしまいました。

また、国の重要文化財に指定されている長塀が100mにわたって倒壊。城ができた当初から残っていた櫓（城の中にある見張り用の建物）も倒れてしまいました。

上／熊本城の戌亥櫓。石垣が崩落して、かろうじて一本足で持ちこたえた。
左／崩落した武者返しの石垣（写真：児玉千秋／アフロ）

どんな教訓があった？

熊本地震の被害の特徴としてもうひとつ挙げられるのは、震災関連死（→❷巻 P7）の多さです。建物の倒壊などによる直接死が50人なのに対し、それ以外の関連死は220人以上にものぼるのです。

その多くは、体を動かさずに同じ姿勢を長時間保つことによってエコノミークラス症候群を発症したり、避難生活の長さからストレスを感じて病気になってしまった人たちでした。

それは特に車中泊で避難生活をする人たちに多く見られました。他人に気をつかう避難所より自分の車の方が気が休まること、危険が迫ったらそのまま乗って逃げられること、度重なる余震で避難所にいても安心できないことなどがその理由でした。足に血栓ができてもその時は自覚症状がなく、突然重症化する例もありました。

エコノミークラス症候群を予防するには、とにかく同じ姿勢を続けないで体を動かすこと、こまめにマッサージや水分補給をすることなどが大切です。大災害のたびにいつも問題になってきましたが、熊本地震以降、こうした呼びかけが特によく行われるようになりました。

北海道厚真町で発生した土砂崩れの被害のようす。

北海道胆振東部地震 ●2018（平成30）年9月6日

何が起こった？

北海道にはこの年6月から雨が多く降っていました。そして台風21号がさらに大雨を降らせた翌日の未明、北海道南部の胆振地方でM6.7の内陸地震が発生しました。震源に近い厚真町では、北海道で初めて震度7を記録したほか、千歳市・平取町・札幌市で震度6弱を記録しました。

この地震では、大規模な土砂災害が発生しました。震源から離れた札幌でも液状化現象（→❶巻P7）が起き、道路の波打ちや住宅地の陥没なども起こりました。死者のほとんどが土砂災害によるもので、降り続いた雨や台風の影響を受け、特に厚真町で36人が死亡しました。

この地震で北海道電力の苫東厚真火力発電所が緊急停止し、ほぼ北海道全域が停電するという異例の事態になりました。停電の完全復旧に1週間ほどかかり、道民は不便な生活を強いられました。

【震央】北海道胆振地方中東部
【規模】M 6.7
【最大震度】震度7
【死者】44人

広範囲におよんだ厚真町の土砂崩れの現場。

こんな
ことも
起きていた

胆振地方東部の広範囲で発生した土砂崩れは、明治以降で最大の土砂災害といわれています。これは、数万年前の火山噴火で噴出した火山灰や軽石でできた不安定な地層が、降り続いた雨によって水を多く含み、崩れやすくなっていた傾斜地が一気に崩壊したものと考えられています。

また、地震の影響で各地で液状化が発生し、遠く離れた札幌市でも道路が隆起しました。清田区では地面の陥没の被害が出ました。

札幌市清田区で見られた道路の陥没。（写真：田中正秋／アフロ）

どんな
教訓が
あった？

この地震で、北海道で最大規模の北海道電力の苫東厚真火力発電所のボイラーが損傷を受けて緊急停止しました。

その結果、電力の供給が不安定になった道内のほぼ全域で停電が発生し、広範囲で電力のシステムがすべて止まる「ブラックアウト」となりました。これは日本初のことで、交通や医療などに大きな影響が出たほか、ふだんはにぎやかな札幌市の繁華街でも真っ暗な状態が続きました。

この地震の教訓として、電源が失われた場合に備えて、公共施設などに非常用電源を確保することが進められました。特に北海道などの寒冷地の場合には、冬場の震災に備える態勢が急務とされました。

今後も災害が心配される震源域

内閣府では、近い将来、大規模な災害が起きることが予想される地震として、おもに南海トラフ地震、日本海溝付近の地震、首都直下型地震を挙げています。それぞれどんな災害が予想されるか見てみましょう。

南海トラフの地震

東海地方から四国、九州沖は深さ4000mほどの溝になっていて、これを南海トラフといいます（トラフは海溝ほど深くない海の溝のこと）。南海トラフでは、海側のフィリピン海プレートが、陸側のユーラシアプレートの下に、1年に3～5cmの割合で沈みこんで、そのひずみが年々大きくなっています。

このひずみが元に戻ろうとするときに、プレート境界型地震（→❶巻P8）が起こることが予想されています。684年の白鳳地震から、昭和時代に起こった2つの地震まで、およそ100年から200年に一度の割合で巨大地震を起こしているのです。

南海トラフは海底の地形から大きく5つ（右ページ）に分けられ、過去の地震はその一部分、または全体で同時に発生しています。仮に4つが同時に動いた場合、震度6強～震度7の強烈な地震が起こり、沿岸部に10～20mの津波が襲ってくることが予想

されています。関東から九州にかけて、最悪の場合23万人以上の死者が出る可能性があります。

しかし、防災対策を進め、多くの人が津波から早めの避難をした場合には、被害はこの2割ほどになるとの予測もあります。そのためには、避難所や非常用の食料・飲料水の確保が大切になります。

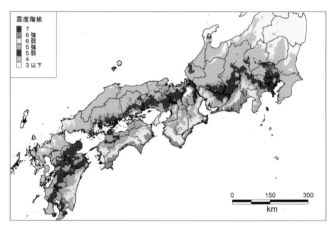

南海トラフ地震のときに想定される各地の震度。（気象庁ホームページより）

日本海溝の地震

太平洋プレートと北米プレートの境界に位置するのが日本海溝です。太平洋プレートが沈みこむことによって、ひずみを生じさせ、その北側にある千島海溝とともに巨大な地震と津波を発生させます。

2011年に起きた東北地方太平洋沖地震（→❷巻P24）後の研究により、日本海溝では平安時代→安土桃山時代→現代と、およそ600年の間隔で巨大地震が起きていることがわかりました。

日本海溝では、すぐに巨大地震が起こる確率はそれほど高くないのに比べ、千島海溝では30年以内に発生する確率が高めになっています。特に寒冷時の地震や津波への対策の強化が求められています。

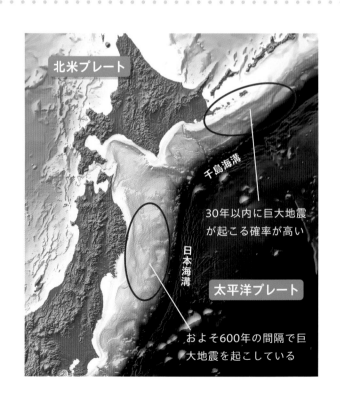

過去に南海トラフで起こった地震の震源域 （足摺岬より西（日向海盆）を除く）

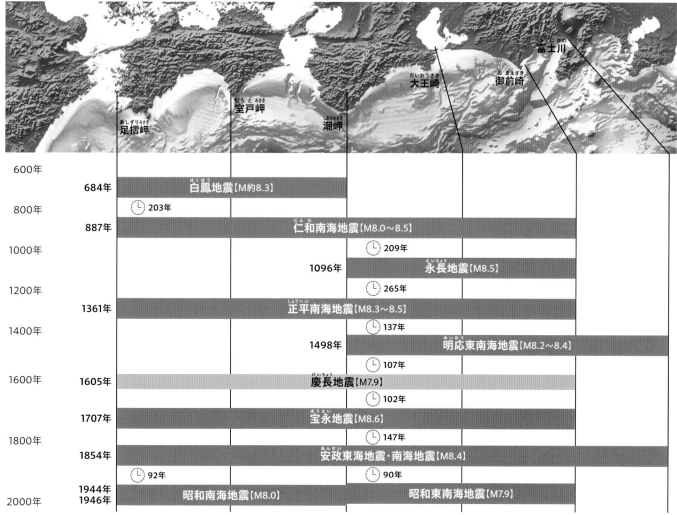

	足摺岬	室戸岬	潮岬	大王崎	御前崎	富士川
600年						
684年	白鳳地震【M約8.3】					
800年	203年					
887年	仁和南海地震【M8.0〜8.5】					
1000年			209年			
1096年			永長地震【M8.5】			
1200年			265年			
1361年	正平南海地震【M8.3〜8.5】					
1400年			137年			
1498年			明応東南海地震【M8.2〜8.4】			
1600年			107年			
1605年	慶長地震【M7.9】					
			102年			
1707年	宝永地震【M8.6】					
1800年			147年			
1854年	安政東海地震・南海地震【M8.4】					
	92年			90年		
1944年 1946年	昭和南海地震【M8.0】		昭和東南海地震【M7.9】			
2000年						

慶長地震は、揺れは小さいものの大津波を起こしたという地震。それ以外は震源域として確実なもののみを掲載しています。（地震調査研究推進本部ホームページより）

首都圏の地震

　首都東京が位置する南関東は、4つのプレートがひしめいていて、それらの境界である日本海溝、伊豆・小笠原海溝、相模トラフ、さらに南海トラフの地下はひずみがたまりやすい場所です。1923年の関東大地震（→❶巻P20）など、M7以上の地震を何度も引き起こしています。さらに、内陸の立川断層帯など、過去にずれを起こしたいくつかの活断層（→❶巻P10）が首都の真下にあります。

　南関東で今後30年間にM7クラスの地震が起こる確率は70%程度と推定され、最悪の場合、死者は2万3000人といわれています。首都直下型地震は、いつか起こるのではなく、今日起こってもおかしくないと考えて備え、行動する必要があります。

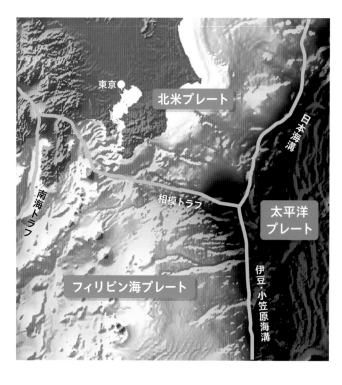

39

過去の震災に学ぶ

いつ、どんな規模でやって来るかわからないのが地震による災害ですが、
過去に起こった大きな地震の教訓から、わたしたちはそのようすを少しでも知ることができます。
ここでは震災遺構と自然災害伝承碑が示す例を見てみましょう。

震災遺構

　大地震が原因で倒壊したり、津波で大きな被害を受けたりしたあと、被害のようすや示された教訓を忘れないために、後世に向けて保存しておく建物などのことを震災遺構といいます。

　2011年の東日本大震災（→❷巻P24）で、1・2階部分が完全に失われた岩手県宮古市田老地区の「たろう観光ホテル」、防災無線で最後まで住民に避難を呼びかけ続けた南三陸町の「防災対策庁舎」、松原とともに象徴的な存在だった陸前高田市のユースホステルなどが指定を受け、震災の激しさを後世に伝える役割をになっています。

　また、宮城県石巻市立大川小学校では、内陸に位置しながら、北上川をさかのぼった津波で多くの尊い命が奪われました。「思い出したくない」という遺族の思いをくみとり、校舎の敷地を公園として市が整備しました。

　震災遺構を訪れた人はみな、かけがえのない日常の暮らしがそこにあったこと、そしてそれが突然奪われてしまったことを実感するはずです。

宮古市田老地区の「たろう観光ホテル」。最初に震災遺構に指定された。

南三陸町の「防災対策庁舎」。建物の2階から防災無線で、最後まで高台に避難するように住民に呼びかけ続けた女性職員は帰らぬ人となった。

石巻市立大川小学校の校舎。児童74人、教職員10人が津波の犠牲になった。

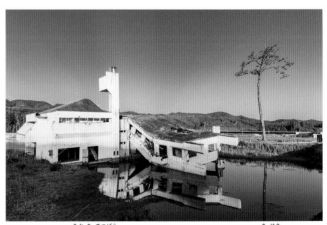

陸前高田市の高田松原で1本だけ残った松の木は「奇跡の一本松」と呼ばれ、左のユースホステルとともに、復興への希望のシンボルとなった。

自然災害伝承碑

　日本はむかしから数多くの自然災害に見舞われてきましたが、わたしたちの先人は、災害が起こるとそのようすやそこで得た教訓などを石碑やモニュメントに刻み、後世に生きるわたしたちが同じような目にあわないようにメッセージを残していることがあります。

　こうした自然災害伝承碑は、度々津波の被害にあっている三陸海岸に特に数多く見られます。

　ひとつの例を見てみましょう。岩手県宮古市の姉吉集落は、明治と昭和の三陸大津波で二度全滅した歴史があります。そして被害を二度とくり返さないために、昭和の大津波のあと、集落の高いところに石碑をたてました。石碑にはこう書かれています。「此処より下に家を建てるな」。

　東日本大震災のとき、姉吉集落の人たちは全員無事でした。人々はこの教えを守り、石碑の上に住むようにしていたのです。

宮古市姉吉集落の人々を守った「大津波記念碑」。

　国土地理院では、それまでの「記念碑」の地図記号と区別し、まん中に縦の線を入れた「自然災害伝承碑」を設けている。

自然災害伝承碑（津波）の分布。日本海溝に近い三陸海岸、南海トラフに近い紀伊半島や四国などに集中している。（国土地理院ホームページより）

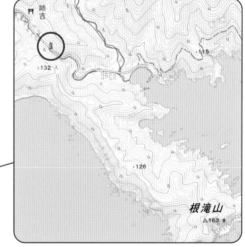

宮古市姉吉集落の地形図。自然災害伝承碑の地図記号が見える。

宮古市沿岸の商業施設には、東日本大震災の大津波のときに、どこまで水に浸かったか見えるようにラインが表示され、注意をうながしている。これも伝承碑の役割をになっている。

世界の大地震

地球は10を超えるプレート（岩盤）で覆われ、それぞれが動いて、たえずひずみを生じています。
日本だけでなく、世界でもこのプレートのひずみが原因で多くの大地震が起き、犠牲者が大勢出ています。
ここでは近年起こったおもな大地震とその被害について、プレートとの関係に注目しながら見てみましょう。

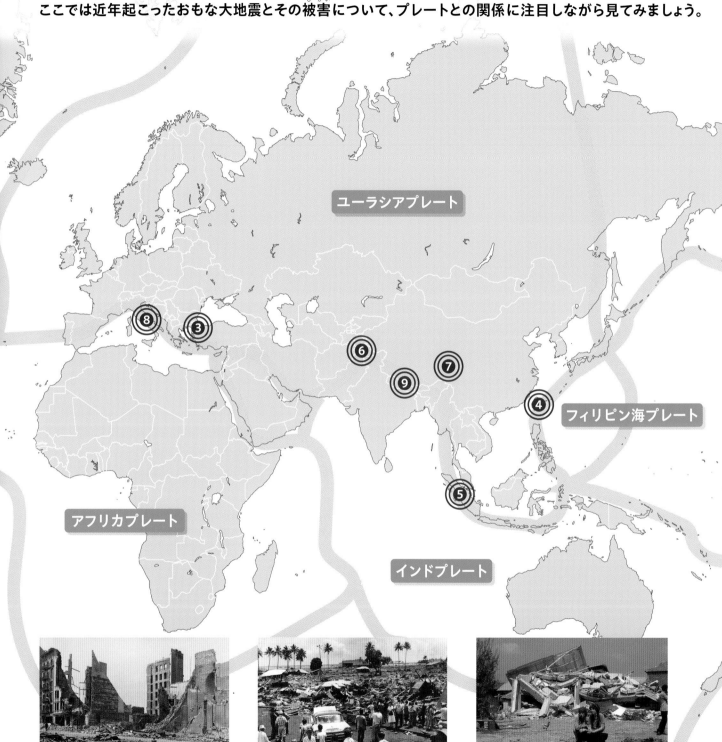

ユーラシアプレート

フィリピン海プレート

アフリカプレート

インドプレート

❶サンフランシスコ大地震【1906年】

アメリカ・サンフランシスコ付近／
M7.8／死者3000人以上

❷チリ地震【1960年】

チリ南部近海／M9.5（史上最大）／
ハワイ（写真）や日本で津波被害大

❸トルコ・イズミット地震【1999年】

トルコ西部／M7.4／死者1万5000
人以上

❹台湾大地震【1999年】

台湾中部／M7.7／死者2400人以上

❺スマトラ島沖地震【2004年】

インドネシア・スマトラ島西方／
M9.0／沿岸各国で死者30万人以上

❻パキスタン地震【2005年】

パキスタン北部／M7.6／
パキスタンとインドで死者7万人以上

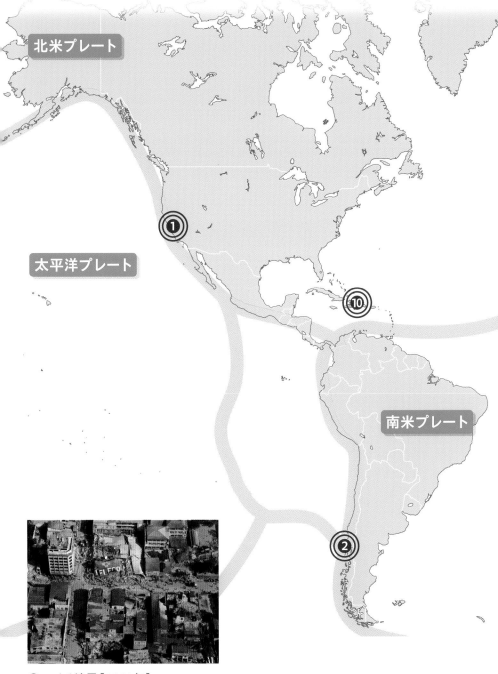

北米プレート

太平洋プレート

南米プレート

❼四川大地震【2008年】

中国・四川省／M8.0／
死者8万7000人以上

❽イタリア中部地震【2009年】

イタリア中部／M6.3／
死者300人以上

❾ネパール地震【2015年】

ネパール中央部／M7.8／
首都カトマンズなどで死者約9000人

❿ハイチ地震【2010年】

ハイチ／M7.0／死者20万人以上

プレートの境界や震央の位置はだいたいの目安で、正確なものではありません。（写真：ZUMAPRESS・AP・毎日新聞社・ロイター・新華社／アフロ）

日本の地震災害年表

江戸時代から平成時代以降までの、日本で起こったおもな地震
（M7.0以上、または被害が大きかったもの、特徴的なものなど）を
年号順に示し、合わせて地図上に震央の位置を加えました。

江戸時代

❶ 1605年　慶長地震（M7.9）
❷ 1611年　慶長三陸沖地震（M8.1）
❸ 1633年　寛永小田原地震（M7.0）
❹ 1662年　寛文近江・若狭地震（～M7.6）
❺ 1677年　延宝三陸沖地震（M7.9）
❻ 1677年　延宝房総沖地震（M≒8.0）
❼ 1703年　元禄地震（M7.9～8.2）
❽ 1707年　宝永地震（M8.6）
❾ 1771年　八重山地震津波（M7.4）
❿ 1847年　善光寺地震（M7.4）
⓫ 1854年　安政東海地震（M8.4）
⓬ 1854年　安政南海地震（M8.4）
⓭ 1855年　安政江戸地震（M7.0～7.1）
⓮ 1858年　飛越地震（M7.0～7.1）

明治時代

⓯ 1872年　浜田地震（M7.1）
⓰ 1880年　横浜地震（M5.5～6.0）
　　　　　（日本地震学会創設のきっかけになった）
⓱ 1891年　濃尾地震（M8.0）
⓲ 1894年　明治東京地震（M7.0）
⓳ 1894年　庄内地震（M7.0）
⓴ 1896年　明治三陸地震（M8.2）
㉑ 1896年　陸羽地震（M7.2）
㉒ 1905年　芸予地震（M7.2）

大正時代

㉓ 1914年　秋田仙北地震（M7.1）
㉔ 1923年　関東大地震（M7.9）
㉕ 1924年　丹沢地震（M7.3）
㉖ 1925年　北但馬地震（M6.8）

昭和時代

㉗ 1927年　北丹後地震（M7.3）

㉘ 1930年　北伊豆地震（M7.3）
㉙ 1933年　昭和三陸地震（M8.1）
㉚ 1939年　男鹿地震（M6.8）
㉛ 1940年　積丹半島沖地震（M7.5）
㉜ 1943年　鳥取地震（M7.2）
㉝ 1944年　東南海地震（M7.9）
㉞ 1945年　三河地震（M6.8）
㉟ 1946年　昭和南海地震（M8.0）
㊱ 1948年　福井地震（M7.1）
㊲ 1952年　十勝沖地震（M8.2）
㊳ 1953年　房総沖地震（M7.4）
㊴ 1960年　チリ地震津波
㊵ 1964年　新潟地震（M7.5）
㊶ 1965年　松代群発地震（M6.4に相当）
㊷ 1968年　日向灘地震（M7.5）
㊸ 1968年　十勝沖地震（M7.9）
㊹ 1972年　八丈島東方沖地震（M7.2）
㊺ 1973年　根室半島沖地震（M7.4）
㊻ 1978年　伊豆大島近海の地震（M7.0）
㊼ 1983年　日本海中部地震（M7.7）
㊽ 1984年　長野県西部地震（M6.8）

平成時代以降

㊾ 1993年　釧路沖地震（M7.5）
㊿ 1993年　北海道南西沖地震（M7.8）
51 1994年　北海道東方沖地震（M8.2）
52 1994年　三陸はるか沖地震（M7.6）
53 1995年　兵庫県南部地震（M7.3）
54 2000年　鳥取県西部地震（M7.3）
55 2003年　十勝沖地震（M8.0）
56 2004年　新潟県中越地震（M6.8）
57 2007年　新潟県中越沖地震（M6.8）
58 2011年　東北地方太平洋沖地震（M9.1）
59 2016年　熊本地震（M6.5 M7.3）
60 2018年　北海道胆振東部地震（M6.7）
61 2024年　令和6年能登半島地震（M7.6）

⑨

北米プレート

ユーラシアプレート

千島海溝

日本海溝

太平洋プレート

相模トラフ

伊豆・小笠原海溝

フィリピン海プレート

南海トラフ

チリ

※海溝（トラフ）や震央の位置はだいたいの目安で、正確なものではありません。

さくいん

監修 **山賀 進** やまが すすむ（元麻布中学校・高等学校地学教諭）

　1949年新潟県生まれ。名古屋大学理学部地球科学科卒業後、東京の中高一貫校で40年以上、理科の地学教諭を務め、教えた生徒数は延べ7000人を超える。

　「われわれはどこから来て、どこへ行こうとしているのか。そしてわれわれは何者か」という根源的な問いを、現代科学がどう答えるかを長年の研究課題とし、著書を通じて、今の中学生・高校生たちにも問いかける。

　著書に『科学の目で見る　日本列島の地震・津波・噴火の歴史』（ベレ出版）、『なぜ地球は人間が住める星になったのか？』（ちくまプリマー新書）、『日本列島地震の科学』（洋泉社）などがある。

●構成・文　　鎌田達也（グループ・コロンブス）
●挿画　　　　堀江篤史
●装丁・レイアウト　村﨑和寿（murasaki design）
●校正　　　　株式会社鷗来堂
●画像提供・協力　気象庁・国土地理院・いわて震災津波アーカイブ・奥尻町商工観光係・東日本大震災アーカイブ宮城
　　　　　　　　地震調査研究推進本部・アフロ・PIXTA

教訓を生かそう！
日本の自然災害史**2**
地震災害**2**　平成以降の震災

2024年1月31日　第1刷発行

監　修　　山賀　進
発行者　　小松崎敬子
発行所　　株式会社岩崎書店
　　　　　〒112-0005　東京都文京区水道1-9-2
　　　　　電話（03）3812-9131（代表）／（03）3813-5526（編集）
　　　　　振替00170-5-96822
　　　　　ホームページ：https://www.iwasakishoten.co.jp
印　刷　　株式会社精興社
製　本　　大村製本株式会社

©2024　Group Columbus
ISBN:978-4-265-09147-8　48頁　29×22cm　NDC450
Published by IWASAKI Publishing Co., Ltd.　Printed in Japan
ご意見ご感想をお寄せください。e-mail : info@iwasakishoten.co.jp
落丁本・乱丁本は小社負担でおとりかえいたします。

\\ 教訓を生かそう! //

日本の自然災害史

監修●山賀 進 元麻布中学校・高等学校地学教諭